大连古建筑测绘十书

关帝庙

王　丹　隋　欣　胡文荟　著

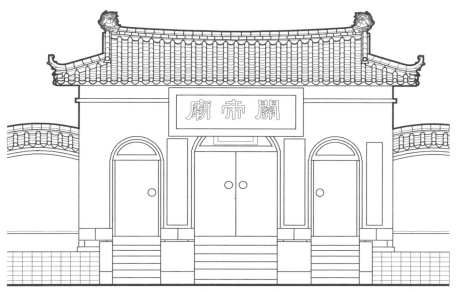

中国建筑既是延续了两千余年的一种工程技术，本身已造成一个艺术系统，许多建筑物便是我们文化的表现、艺术的大宗遗产。

——梁思成

U0222095

江苏凤凰科学技术出版社

图书在版编目（CIP）数据

大连古建筑测绘十书. 关帝庙 / 王丹，隋欣，胡文
荟著. —— 南京：江苏凤凰科学技术出版社，2016.5
ISBN 978-7-5537-5706-3

Ⅰ. ①大… Ⅱ. ①王… ②隋… ③胡… Ⅲ. ①寺庙-
古建筑-建筑测量-大连市-图集 Ⅳ. ①TU198-64

中国版本图书馆CIP数据核字(2016)第279539号

大连古建筑测绘十书

关帝庙

著　　　者	王　丹　隋　欣　胡文荟	
项 目 策 划	凤凰空间/郑亚男　张　群	
责 任 编 辑	刘屹立	
特 约 编 辑	张　群　李皓男　周　舟　丁　兴	

出 版 发 行	凤凰出版传媒股份有限公司
	江苏凤凰科学技术出版社
出版社地址	南京市湖南路1号A楼，邮编：210009
出版社网址	http://www.pspress.cn
总 经 销	天津凤凰空间文化传媒有限公司
总经销网址	http://www.ifengspace.cn
经　　　销	全国新华书店
印　　　刷	北京盛通印刷股份有限公司

开　　　本	965 mm×1270 mm 1／16
印　　　张	4.5
插　　　页	1
字　　　数	36 000
版　　　次	2016年5月第1版
印　　　次	2023年3月第2次印刷

标 准 书 号	ISBN 978-7-5537-5706-3
定　　　价	78.80元

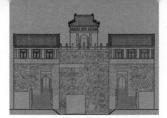

图书总序

我在大连理工大学建筑与艺术学院兼职数年，看到建筑系一群年轻教师在胡文荟教授的带领下，对中国传统建筑文化研究热情高涨，奋力前行，很是令人感动。去年，我欣喜地看到了他们研究团队对辽南古建筑研究的成果，深感欣慰的同时，觉得很有必要向大家介绍一下他们的工作并谈一下我的看法。

这套丛书通过对辽南10余处古建筑的测绘、分析与解读，从一个侧面传达了我国不同地域传统建筑文化的传承与演进的独有的特色，以及我国传统文化在建筑中的体现与价值。

中国古代建筑具有悠久的历史传统和光辉的成就，无论是在庙宇、宫室、民居建筑及园林，还是在建筑空间、艺术处理与材料结构的等方面，都对人类有着卓越的创造与贡献，形成了有别于西方建筑的特殊风貌，在人类建筑史上占有重要的地位。

自近代以来，中国文化开始了艰难的转变过程。从传统社会向现代社会的转变，也是首先从文化的转变开始的。如果说中国传统文化的历史脉络和演变轨迹较为清晰的话，那么，近代以来的转变就似乎显得非常复杂。在近代以前，中国和西方的城市及建筑无疑遵循着不同的发展道路，不仅形成了各自的文化制式，而且也形成了各自的城市和建筑风格。

近代以来，随着西方列强的侵入以及建筑文化的深入影响，开始对中国产生日益强大的影响。长期以来，认为西方城市建筑是正统历史传统，东方建筑是非正统历史传统这一"西方中心说"的观点存在于世界建筑史研究领域中。在弗莱彻尔的《比较建筑史》上印有一幅插图——"建筑之树"，罗马、希腊、罗蔓式是树的中心主干，欧美一些国家哥特式建筑、文艺复兴建筑和近代建筑是上端的6根主分枝。而摆在下面一些纤弱的幼枝是印度、墨西哥、埃及、亚述及中国等，极为形象地表达了作者的建筑"西方中心说"思想。今天，建筑文化的特质与地域性越发引起人们的重视。中国的城市与建筑无论古代还是近代与当代，都被认为是在特定的环境空间中产生的文化现象，其复杂性、丰富性以及特殊意义和价值已经令所有研究者无法回避了。

在理论层面上开拓一条中国建筑的发展之路就是对中国传统建筑文化的研究。

建筑文化应该是批判与实践并重的，因为它不局限于解释各种建筑文化现象，而是要为建筑文化的发展提供价值导向。要提供价值选向，先要做出正确的价值评判，所以必须树立一种正确的价值观。这套丛书也是在此方面做出了相当的努力。当然得承认，传统文化可能是也一柄多刃剑。一方面，传统文化也可能成为一副沉重的十字架，限制我们的创造潜能；而另一面，任何传统文化都受历史的局限，都可能是糟粕与精华并存，即便是精华，也往往离不开具体的时空条件。与此同时又可以成为智慧的源泉，一座丰富的宝库，它扩大我们的思维，激发我们的想象。

中国传统文化博大精深，建筑文化更是同样。这套书的核心在如下三个方面论述：具体层面的，传统建筑中古典美的斗拱、屋顶、柱廊的造型特征，书画、诗文与工艺结合的装修形式，以及装饰纹样、各式门窗菱格，等等。宏观层面的，"天人合一"的自然观和注重环境效应的"风水相地"思想，阴阳对立、有无互动的哲学思维和"身、心、气"合一的养生观，等等。这期中蕴含着丰富的内涵、深邃的哲理和智慧。中观层面的，庭院式布局的空间韵律，自然与建筑互补的场所感，诗情画意、充满人文精神的造园艺术，形、数、画、方位的表象

与隐喻的象征手法。当然不论是哪个层面的研究，传统对现代的价值还需要我们在新建筑的创作中去发掘，去感知。

2007 年以来，这套丛书的作者们先后对位于大连市的城山山城、巍霸山城、卑沙山城附近范围的 10 余处古建进行了建筑测绘和研究工作，而后汇集成书。这套大连古建筑丛书主要以照片、测绘图纸、建筑画和文字为主，并辅以视频光盘，首批先介绍大连地区的 10 余处古建，让大家在为数不多的辽南古建筑中感受到不同的特色与韵味。

希望他们的工作能给中国的古建筑研究添砖加瓦，对中国传统建筑文化的发展有所裨益。

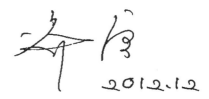

2012.12

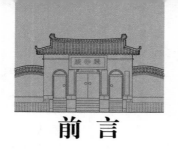

前　言

　　林徽因曾在文中写道："有人说，爱上一座城，是因为城中住着某个喜欢的人。其实不然，爱上一座城，也许是为城里的一道生动风景，为一段青梅往事，为一座熟悉老宅。或许，仅仅为的只是这座城。就像爱上一个人，有时候不需要任何理由，没有前因，无关风月，只是爱了。"

　　我们写的这座城——大连，它位于辽东半岛南端，地处黄海、渤海之滨，背倚中国东北腹地，与山东半岛隔海相望。是的，我爱上美丽的大连理由有很多：儿时的记忆，醉人的风景，熟悉的老宅……是的，我一直想写一些文字给你，关于这座城，关于城中的关帝庙。也许，只是因为我学了建筑，教了建筑史，爱上了古建筑。

　　"十年磨一剑，霜刃未曾试。今日把示君，谁有不平事？"我们面前的这套大连古建筑测绘图集，就是大连理工大学建筑学院的师生们坚持十年辛勤劳作的成果。无论是酷热难耐的夏日，还是寒风呼啸的严冬，师生们都全身心地投入到每一次测绘实习中。即便在积年的灰尘中摸爬，在充满危险的屋顶与梁架上获取数据，在幽暗的简屋陋舍中绘图，师生们也从来没有任何怨言，不求任何回报。凝聚师生们无数辛劳与汗水的这套丛书，希望能被大家喜爱。我们也依然在为下一个十年而继续努力着！

目 录

辽南的道教建筑 / 10

关帝信仰的由来 / 12

双节烈御批同立碑的道德枷锁 / 16

坐南朝北的四合院布局 / 20

朴拙苍劲的硬山屋顶 / 36

"修旧如旧"的抬梁式构架 / 44

把内院划分为两部分的坛台 / 52

拥有盘长纹的隔扇门 / 54

青绿色为主的清式旋子彩画 / 58

古建筑保护工作的测绘与研究 / 68

参考文献 / 70

后记 / 71

辽南的道教建筑

普兰店市位于辽东半岛南部，地理环境优越，千山余脉自北向南纵贯全境。普兰店地处暖温带湿润半湿润季风气候区，气候温和，光照充足，夏无酷暑，冬无严寒，雨、热同季，四季分明。南山关帝庙（图1）坐落于普兰店市的南山公园内，公园道路两旁栽有百余棵桃树，每到春天繁花似锦，香气袭人；还栽有200多株松柏，苍翠挺拔，寒暑长青（图2）。

根据《新金县志》记载，普兰店关帝庙又称财神庙，庙址在普兰店镇南山街，建于清代。庙宇在民国期间得以修缮，后来又遭到破坏。1990年，金州区人民政府将其列为县级文物保护单位；1992年大连市文管办拨款依原来样式对其进行修复；随后普兰店市政府拨款修复了大殿内的彩塑和壁画；1993年3月，大连市人民政府将其列为大连市市级文物保护单位。

图1 关帝庙主殿老照片

图 2　从关帝庙前广场眺望关帝殿

关帝信仰的由来

关羽，本字长生，后改字云长，司隶河东解良人（今山西省运城市），约生于东汉桓帝延熹年间，是东汉末年三国时期蜀国的大将。受小说戏曲的影响，"桃园三结义""三英战吕布""千里走单骑""刮骨疗毒""单刀赴会"等故事在中国几乎家喻户晓，妇孺皆知。千百年来，关羽被人们一步步捧上了神坛，被完全神化，并最终完成了由人到神的转变。关帝崇拜，是我国流播最广、影响最大的民间信仰之一。关羽的祠庙遍布各地，其中有专奉祀他的关帝庙，也有将其与别的神佛一同奉祀的寺庙和道观。

关帝信仰由来已久，至宋朝更为昌盛。北宋末年，民间供奉关羽的庙宇已经"郡国州县、乡邑间井皆有"（郝经《陵川集》）。到了南宋，大理学家朱熹一改前代以曹魏为正统的观念，认为三国之中蜀汉才是正统。由于偏安一隅，南宋统治阶级和民间都愿意接受朱熹的观点，忠心辅佐刘备的关羽随着政治地位的提高，其身上的神话色彩更为浓烈了。此后，历代统治者不断给关羽加封，经历了"侯而王，王而帝，帝而圣，圣而天"的过程后，人们对关羽的崇拜达到了无以复加的地步，以至与孔子齐名，合称"文武二圣"。

为何世人如此崇拜关羽？历史学家黄仁宇认为"千百年之后关公仍被中国人奉为战神，民间崇拜的不是他的指挥若定，而是他的道德力量"。著名学者易中天同样认为"关羽确实有令人崇敬之处，那就是特重情义"。关羽的忠义与儒家崇尚的"仁、义、礼、智、信"五常一脉相承。统治者以关羽为忠义的代表，大力宣扬并竭力尊崇。人们都愿意接受这种高贵品格的感染，并以此来规范自己的行为。关羽不仅受到儒家的奉祀，同时也受到佛、道两教的膜拜。中国佛教界奉其为护法神之一，称之为"伽蓝菩萨"；道教尊其为"伏魔大帝关圣帝君"。此外，民间各行各业多以关羽为"祖师""保护神"和"财神"。

千百年来，关羽的忠义形象已深入人心，成为中华民族传统道德精神的崇高象征。虽然关羽信仰源远流长，但关帝庙的建立其实是比较晚的。明代，供奉关羽的祠庙多称作"汉前将军关公祠"或"汉寿亭侯关公庙"。据清初《帝京景物略》记载："在正阳门月城内西北。以门近宸居，左宗庙，右社稷之间。朝廷岁一命祀。万国朝者退必谒。辐辏至者，必祈祷也。祀典：岁五月十三日祭汉前将军关某。先十日，太常寺题遣本寺堂上官行礼。凡国有大灾，祭告之。明万历四十二年十月十一日，司礼监太监李恩赍，捧九旒冠、玉带、龙袍、金牌，牌书'敕封三界伏魔大帝，神威远振，天尊关圣帝君'于正阳门祠建醮三日，颁知天下。

然太常祭祀则仍旧称。史官焦竑曰：'称汉前将军，侯志也。'天启四年七月，礼部覆题得旨，祭始称帝。祠有修撰焦竑碑，庶吉士董其昌书。"

从上面这段记载可知，关羽被追加帝号是在明万历四十二年（1614年），且定五月十三日（农历）关公诞辰为祭奠正日。但当时大臣们对此颇有争议，直到明天启四年（1624年），官方祭祀才正式称关羽为"关帝"。

随着朝廷追封关羽为帝，民间对关羽的尊称也由"关王"渐渐升格为"关帝"，并沿袭至今。明清以后，关帝庙不仅遍布中国内地，且延伸至蒙古。庙这种建筑类型在古代主要是供奉祖宗的房屋，比如，太庙里就供奉着皇帝的列祖列宗。各种庙的规模有严格的等级限制。汉代以后，庙发展为供奉神仙的场所，也常用来奉祀圣贤和英雄，如供奉孔子的孔庙、文庙，供奉关羽的关帝庙（图3），供奉岳飞的岳王庙等。

在功能上，祠与庙比较类似，是供奉祖宗、鬼神或有功德的人的房屋，由此也常常把

图3 关帝庙关帝殿内关帝像

同一家族祭祀祖先的房屋称为"祠堂"。祠堂最早出现于汉代，据《汉书·循吏传》记载："文翁终于蜀，吏民为立祠堂。及时（指诞辰和忌日）祭礼不绝。"东汉末年，社会上兴起建祠抬高家族门第之风，甚至活人也为自己修建"生祠"。

寺最初同"侍"，指的是宫廷侍卫人员的居所。相传，当年著名的佛教学者迦叶摩腾、竺法兰是用白马驮着佛经和佛像来到中国，然后来到河南古都洛阳的，汉明帝即敕建白马寺供译经之用，所以河南洛阳白马寺是佛教传入中国后营建的第一座寺院，并成为中国佛教史上第一座寺院，也是中国最早的译经场所。寺院在中国就是佛教弘扬佛法、安僧护教的场所，实

关帝庙

际上寺院原是"寺"和"院"的合称。由于寺和院都是佛教僧侣用功办道的场所，所以把两者合起来就称为寺院。

观在《释名》一书中的解释是"观者，于上观望也"。也就是古代天文学家观察星象的"天文观察台"。根据记载，最早是汉武帝在甘泉建造的"延寿观"，之后，建"观"迎仙蔚然成风。传说中最早住进皇家"观"中的道士是汉朝的汪仲都，他因治好汉元帝顽疾而被引进皇宫内的"昆明观"。从此，道教徒感激皇恩，把道教建筑称为"观"。

南山关帝庙流传着这样一个故事：新中国成立前，普兰店地区干旱严重，村民们来关帝庙求雨。祈雨人以柳条编环为帽，裤腿卷过膝盖，手持柳枝，排起长队。凡是遇到井，人们就汲水一缸放在井边，焚香叩拜。有的请道士念经或诵读祭文，再以柳枝蘸水相戏，口喊"下雨了，下雨了"。任何人不许带伞，不许戴草帽，怕犯"天忌"。果然，祈雨后七天降雨。村民们认为是关公显圣赐雨，于是家家捐款唱戏，由此关帝庙才得以翻修。此后每遇旱情，百姓便会前来祭拜，希望借由关帝，让灾情早日解除。关帝庙成为普兰店人民祈

祷消灾之所。每年农历九月十七是关帝庙的"香火日"，前来烧香拜祭的人络绎不绝，香火甚旺（图4），游人学子不时驻足将意趣留驻在画板上（图5）。

图4 关帝庙院内祭祀

14

图 5 关帝庙关帝殿侧立面艺术创作

双节烈御批同立碑的道德枷锁

关帝庙前花园的西侧，有两通石碑（图6、图7），碑上的文字清晰可见，刻有"旌表贞节"四字，褒扬的是当地一对节烈姊妹，于清光绪年间立于大田境内大沙河畔王店村王店屯路口。一门双节烈御批同立碑，在辽南乃至全国也绝无仅有。"文革"期间，二碑曾遭破坏，后王氏宗族后人将其修复，重现原貌，并移至南山关帝庙院内（图8）。中国古代把女子的贞节看得极为重要。贞节理应是针对男女双方而言的，但在古代漫长的岁月里，贞节逐渐成为对女性忠贞的专门要求。"旌表贞节"四字看似荣耀，但从人性角度上看，这何尝不是套在女人身上的道德枷锁。当我们赞叹这对姊妹的忠贞节烈时，不由得为她们半生的凄凉而感到心酸。

图6 关帝庙院内"旌表贞节"石碑

图 7 关帝庙院内 "旌表贞节" 石碑测绘图

图 8 关帝庙入口眺望关帝殿

坐南朝北的四合院布局

走近南山关帝庙，首先映入眼帘的是红色琉璃瓦歇山顶的三门洞庙门（图9～图12）。一块黑底金字大匾高悬于庙门之上，上书隶书"关帝庙"。庙门两侧的柱子上贴有楹联。上联"兄玄德弟翼德德兄德弟"，下联"师卧龙友子龙共保真龙"，横幅是"亘古一人"。关帝庙院墙的墙身为红色，顶覆红色琉璃瓦，由庙门开始呈波浪状向两侧延伸。庙门和院墙虽属后建，但形制颇高。

图 9 从关帝庙前眺望山门

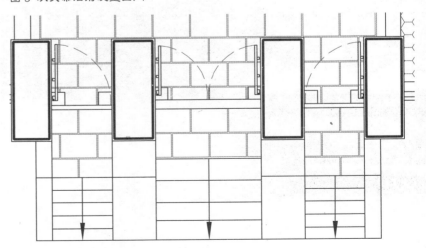

0　　0.5　　1　　1.5　　2　　2.5 米

图 10 关帝庙山门平面测绘图

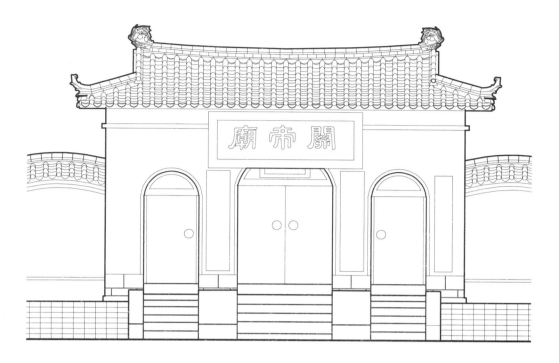

图 11 关帝庙山门北立面测绘图

图 12 关帝庙山门南立面测绘图

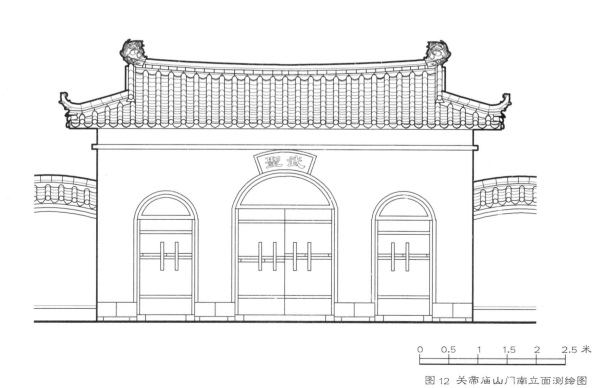

　　南山关帝庙总面积约 390
平方米，由庙门和一个正中主
殿、两个配殿，以及四周的围
墙组成了一进式四合院。正中
为供奉关帝的正殿，左配殿为
玉皇殿，右配殿为三圣殿。关
帝庙总平面、剖面和立面测绘
图见图 13 ～图 15。

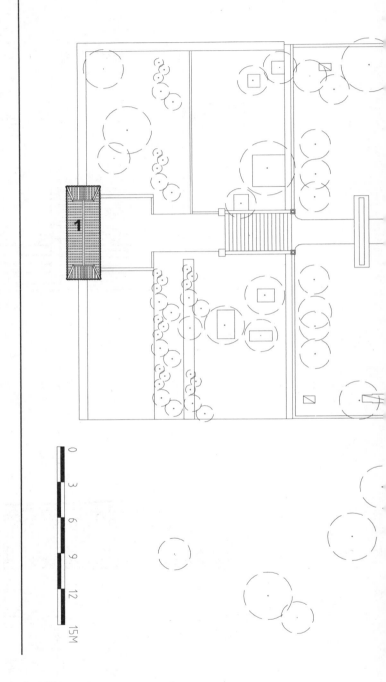

1. 山门
2. 三圣殿
3. 关帝庙
4. 玉皇殿
5. 祭坛

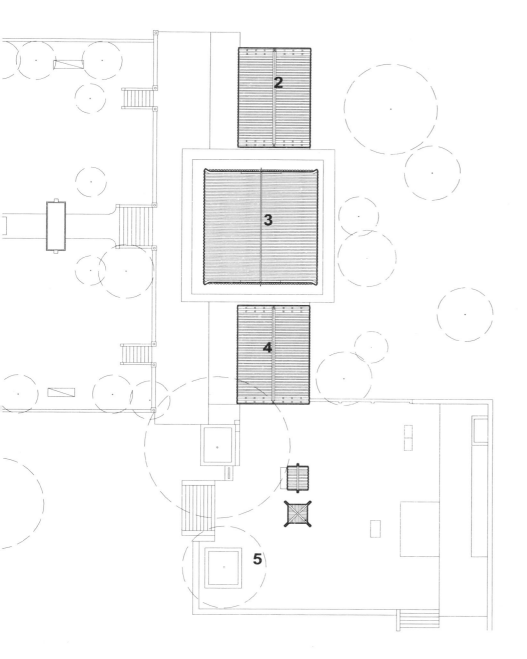

关
帝
庙

图 13 关帝庙总平面测绘图

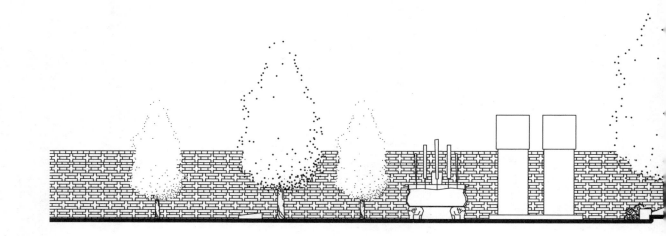

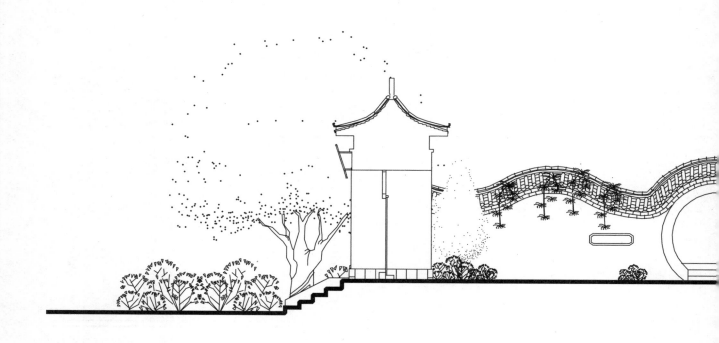

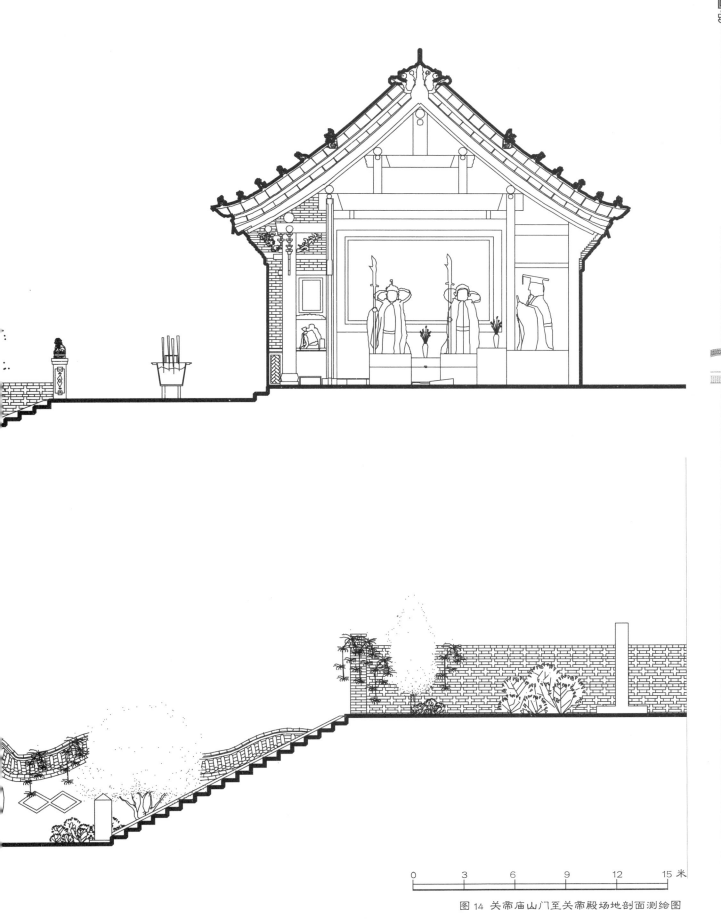

图 14 关帝庙山门至关帝殿场地剖面测绘图

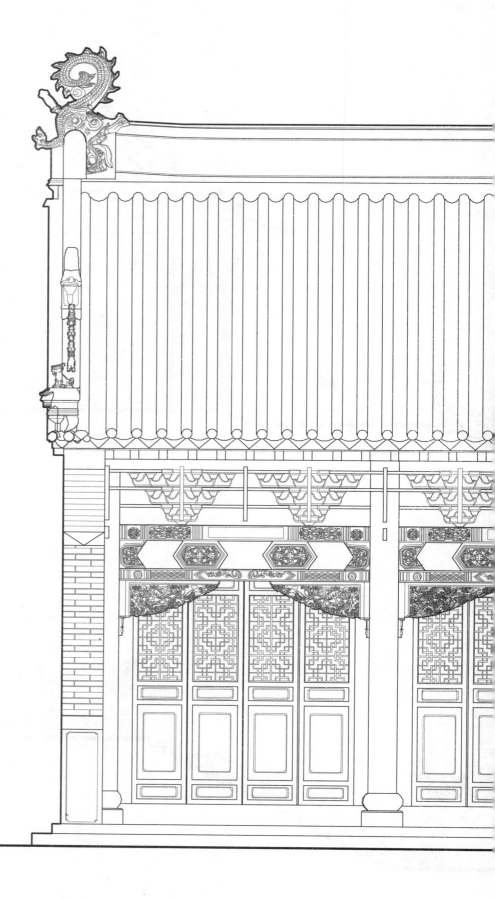

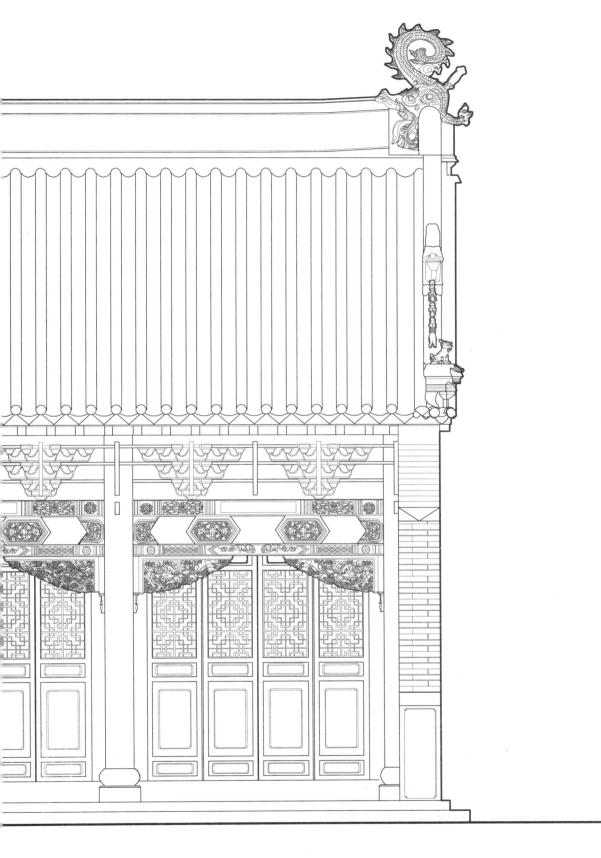

图 15 关帝庙关帝殿北立面测绘图

0   0.5   1   1.5   2   2.5 米

拾级而上，迎面便是正殿。正殿为清代遗构，面阔五间，进深三间，单檐歇山筒瓦屋面，梁枋施旋子彩画；前有月台，宽至次间，正面与侧面各有垂带台阶。

庙中塑有关帝像，形象生动逼真；每遇旱情，百姓便会前来祭拜，希望借由关帝，让灾情早日解除。关帝庙成为普兰店人民祈祷消灾之所。

正殿面阔三间 9.36 米，进深一间 7.14 米，总面积 67 平方米，属小方八尺庙。灰筒瓦外廊式硬山顶，没有过多繁饰，甚为朴拙厚重，亲切如邻家宅院，是不可多得的清式古建筑。步入关帝庙正殿，殿内正中供奉"关帝"，左配火神"闻太师"，右配文财神"比干"。关帝头戴冕旒冠，内穿绿色锦袍，外披金色大氅，面如重枣，手持玉圭，神威凛凛。关帝像两侧为关平、周仓泥像；关平、周仓之侧还有许褚、张辽的塑像。许张二人为曹操麾下大将，一同配祀关庙，想必是因为他们的忠勇受人们敬仰。殿内壁画绘有"过五关斩六将""单刀赴会""三英战吕布"等故事，展现了关羽光辉传奇的一生。我们分别对关帝殿、三圣殿、玉皇殿进行了拍摄和平立剖面的测绘（图 16 ～图 27）。

图 16 从关帝庙前广场眺望关帝殿北立面

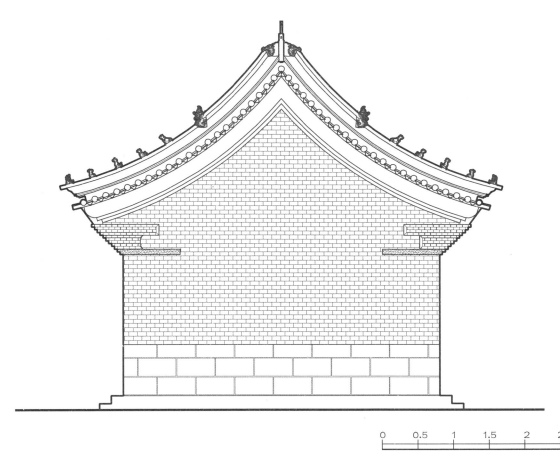

图 17 关帝庙关帝殿侧立面测绘图

0   0.5   1   1.5   2   2.5 米

图 18 关帝庙三圣殿、关帝殿侧立面彩色渲染图

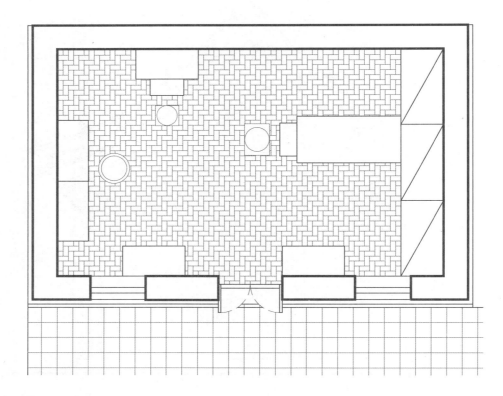

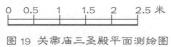

图 19 关帝庙三圣殿平面测绘图

图 20 从关帝庙前广场眺望三圣殿

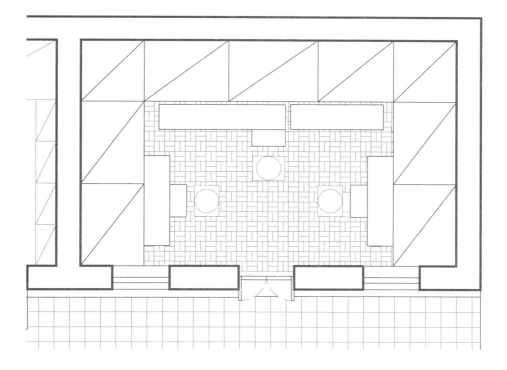

0　0.5　1　1.5　2　2.5 米

图 21 关帝庙玉皇殿平面测绘图

图 22 从关帝庙前广场眺望玉皇殿

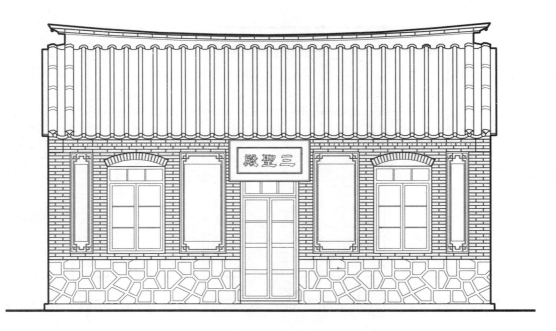

图 23 关帝庙三圣殿北立面测绘图

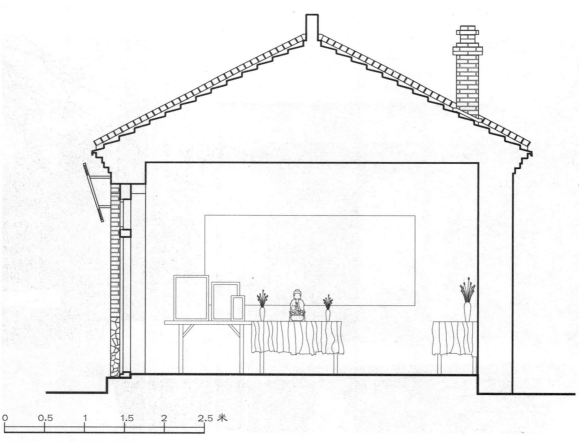

图 24 关帝庙三圣殿剖面测绘图

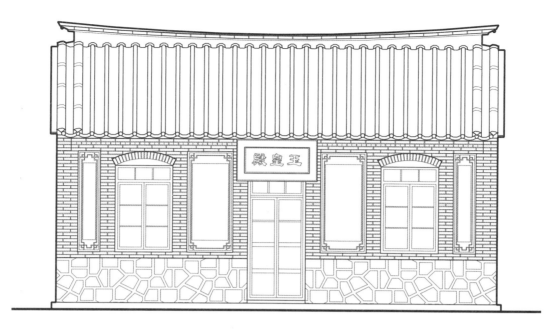

图 25 关帝庙玉皇殿剖面测绘图

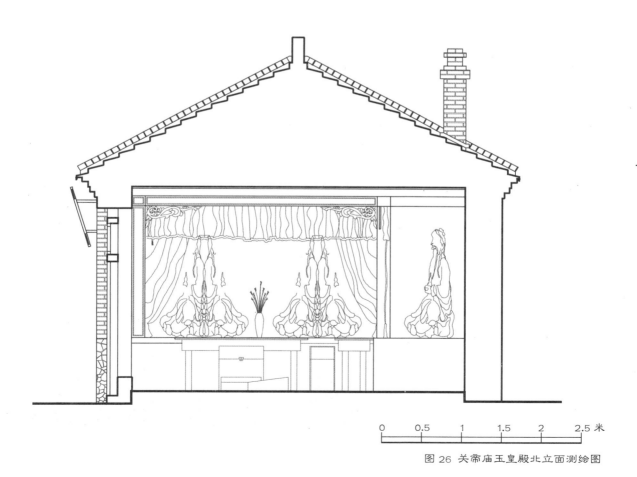

图 26 关帝庙玉皇殿北立面测绘图

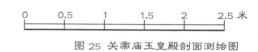

图 27 从关帝庙香炉前眺望关帝殿

朴拙苍劲的硬山屋顶

　　想要了解一座建筑，首先要看它的屋顶。中国古建筑的屋顶以其深厚的内涵和特有的形式在建筑艺术上占有极为重要的地位。屋顶的造型丰富多变，在不同的时代会有所不同。同时，屋顶形式还是等级制度的反映。等级最高的为庑殿顶，歇山顶次之，等级较低者有攒尖顶、硬山顶、悬山顶等。此外，还有重檐与单檐之分。

　　关帝庙内各殿皆为硬山式屋顶（图28）。硬山式屋顶是由一条正脊和两条垂脊组成的两面坡的屋顶形式。两面坡在山墙的墙头处与山墙齐平，没有伸出的部分。整个屋顶轮廓清晰，线条简洁，与灰墙、青瓦结合，形成一种朴拙苍劲之美。

　　从关帝庙正殿下向上望，一排排瓦垄自上而下，整齐地铺列在屋顶。屋顶

的做法大有学问，其基本做法是在屋顶望板之上铺灰背，也称为苫背，再在其上铺瓦。"苫"字的本义是用茅草编织而成的覆盖物。关帝庙的苫背是用四成灰与六成土混合而成的。

关帝庙的屋顶使用的是不上釉的普通青灰色的瓦，是用泥土烧制而成的，称为青瓦。青瓦可以做成板瓦和筒瓦两种形式。板瓦和筒瓦主要是从形状上来区分的。板瓦，就是看起来比较板、比较平整的瓦，它的横断面是小于半圆的弧形，并且瓦的前端比后端稍窄一些。关帝庙的屋顶是由板瓦和筒瓦组合铺列的，两排筒瓦的瓦垄之间铺有板瓦，板瓦的长度约为20厘米，筒瓦的横断面呈半圆形。

关帝庙的正脊没有装饰，只以青砖砌就，朴素厚重。

图 28 关帝庙关帝殿硬山式屋顶特写

正殿屋檐出挑部分可见一红色长条木，叫作望板，其作用是承托屋面的苫背和瓦作。望板下是密密排列的短条木，称为椽子。椽子随着屋面的坡度铺设，其作用亦是承托屋面瓦作。在关帝庙的正立面中，我们可以看到椽子的横断面，上椽绘有绿底黄色"卍"字符，下椽顶端则绘有滴水宝珠。"卍"字符为佛家的标志，三教合流后，广泛应用在各种宗教建筑上。滴水宝珠又称龙眼宝珠，蓝、绿、白、红各色圈层层相套，以圆顶为公切点。望板、椽子以及彩绘，使单调平淡的檐底更具立体感和视觉美感（图29、图30）。

图 29 关帝庙外檐彩绘特写

图 30 关帝庙外檐彩绘

在正殿屋顶檐口处的筒瓦一端有一块雕有纹饰的圆形构件，这就是瓦当。它不仅能保护房屋椽子免受风雨侵蚀，还能起到美化屋檐的装饰作用。所谓的"秦砖汉瓦"，指的就是秦汉时期以瓦当为代表的建筑装饰艺术。瓦当上的纹饰每个时代各有不同，能够反映出当时的审美取向和艺术成就。比较常见的纹饰题材有四神、翼虎、鸟兽、昆虫、植物、云纹、文字及云与字、云与动物等。关帝庙正殿的瓦当多饰有"王"字兽面纹和人面纹。以人面纹瓦当为例，瓦当中的人脸，双目圆睁而凸出，浓眉虬结，鼻翼怒张，胡须卷曲而上翘，龇牙咧嘴，甚是狰狞，人脸的外围都刻有一圈光环，看起来颇有神秘色彩。

在两个瓦当之间，有一个近似三角形的构件，称为滴水（图31、图32），顾名思义其主要作用就是使屋面上的水从此处流下。关帝庙正殿的滴水上刻有莲花纹，线条流畅圆润，构图生动。瓦当和滴水的大小不过方寸，造型却如此丰富，用于檐口，不仅可以遮朽，而且具有很好的装饰效果，集实用、美观于一身，富有深刻的文化内涵。

图 31 关帝庙关帝殿瓦当滴水之一

图 32 关帝庙关帝殿瓦当滴水之二

关帝庙正殿屋顶的正脊两端各有一个鳞尾高卷、似龙非龙的构件，称为螭吻。据说螭吻为龙的第九子，人们把它放在屋顶上，主要起装饰作用。此外古建筑以木材为主，较易起火，螭吻作张口吞脊状，有兴雨吞火的寓意。

屋顶两边垂脊上的两个较大的构件称为垂兽（图33）。它位于蹲兽之后，内有铁钉，作用是防止垂脊上的瓦作下滑，加固屋脊相交位置的结合部位。在关帝庙正殿垂脊的前端，还有5个泥土烧制的小兽，称为走兽或蹲兽（图34～图37），它们分别是龙、斗牛、狮子、天马、海马。如果是等级较高的建筑，前面还有骑着凤的仙人，后面的走兽数目最多可达到10个，一般情况下都是奇数。一排排造型生动、神态活泼小兽，使青瓦灰墙的大殿更富有生气（图38～图47）。

图33 关帝庙关帝殿垂脊垂兽

图34 关帝庙关帝殿屋脊走兽之一

图35 关帝庙关帝殿屋脊走兽之二

图36 关帝庙关帝殿屋脊走兽之三

图37 关帝庙关帝殿屋脊走兽之四

图 38 关帝庙关帝殿垂脊脊兽测绘图

图 39 关帝庙关帝殿垂脊脊兽测绘图之一

图 40 关帝庙关帝殿垂脊脊兽测绘图之二

图 41 关帝庙关帝殿垂脊脊兽测绘图之三

图 42 关帝庙关帝殿垂脊脊兽测绘图之四

图 43 关帝庙关帝殿垂脊脊兽测绘图之五

图 44 关帝庙关帝殿垂脊垂兽

图 45 关帝庙关帝殿垂脊垂兽测绘图

图 46 关帝庙关帝殿正脊螭吻

图 47 关帝庙关帝殿正脊螭吻测绘图

关帝庙的山墙两端檐柱以外的部分，称作墀头，用以支撑前后出檐。墀头刻有浮雕，多为梅花和莲花图案，以示高洁。图正面檐角的浮雕图案比较抽象模糊，依稀可以看出是"狮子舞绣球"的图案（图48～图51）。虽然檐角青砖上的浮雕并不甚精，但却使整个建筑充满细节。

图 48 关帝庙关帝殿檐角浮雕之一　　　　图 49 关帝庙关帝殿檐角浮雕之二

图 50 关帝庙关帝殿山墙浮雕之一　　　　图 51 关帝庙关帝殿山墙浮雕之二

"修旧如旧" 的抬梁式构架

　　中国古代的木构建筑的结构形式主要有抬梁式、穿斗式和井干式三种，其中使用最广泛的为抬梁式构架。南山关帝庙正殿的木构架结构形式就是抬梁式的（图52），其做法是沿着建筑的进深方向在石料台基上立柱，柱上架梁，再在梁上重叠放置数层瓜柱和梁，最上层梁上立脊瓜柱，构成一组木构架。在平行的两组木构架之间，用横向的枋连接柱的上端，并在各屋大梁和屋脊下的平梁之上设置若干横向的檩，檩上排列椽子以承载屋瓦重量。这样两组木构架之间形成的空间称为"间"。

　　关帝庙正殿形制虽小，却构造严谨。从修缮效果来看，颇得"修旧如旧"的文物修缮要义，在建造工艺上严格依照传统做法。

　　梁是中国古建筑构架中最为重要的构件之一，它是一根横截面为矩形的横木，承托上部屋架以及屋面的全部荷载。我们通常所理解的中国古建筑结构形式，就是由立柱与横梁组成的梁架体系。梁的位置是在柱头之上，如果是有斗拱的较大型建筑物，就置于斗拱（图53）之上。梁的方向一般是与建筑物的横断面一致，与建筑物的立面垂直。

图52 关帝庙关帝殿梁架

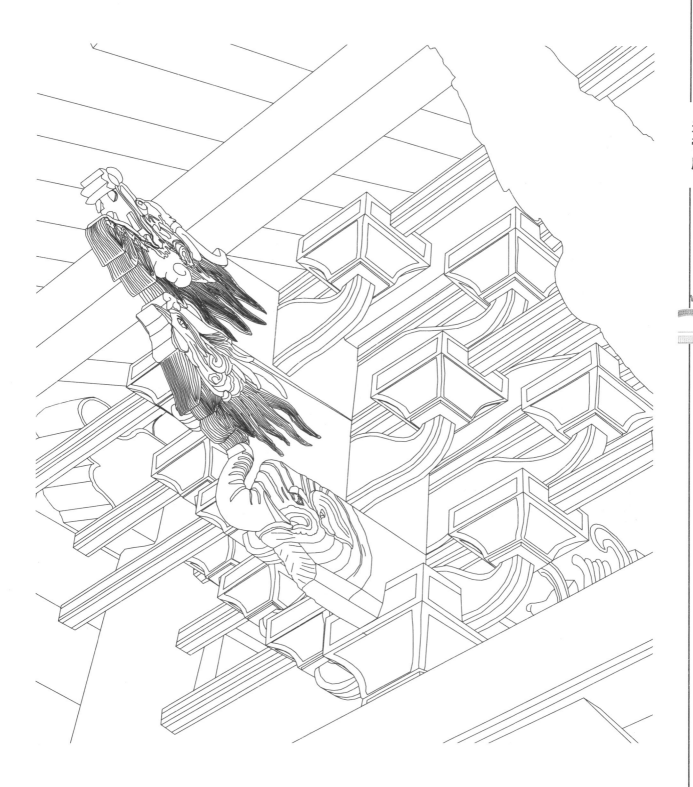

图 53 关帝庙关帝殿斗拱轴侧测绘图

我们经常用"雕梁画栋"来形容中国古建筑之精美，这里的"栋"，指的就是放置在枋上的檩子。在清代的建筑中，檩也被称为"桁"。具体地说，桁就是架于梁头与梁头之间，或者是柱头斗拱与柱头斗拱之间的横木。桁的截断面多为圆形，这也是它与枋的区别之一。桁的走向与建筑的面阔方向一致，与枋相同。同样地，根据桁所在的位置不同，有不同的名称，如金桁、檐桁、脊桁等。

斗拱是中国古建筑中最具特色的结构构件之一（图54～图56）。斗拱的位置是在柱子之上、屋檐的檐口之下。斗拱的作用主要有三个：其一是承托出挑的屋檐，使建筑物的出檐更加深远，造型更加优美；其二，斗拱是建筑物屋身与屋檐的过渡，它既可以把屋面和上层构架的荷载传递给柱子，起到承上启下

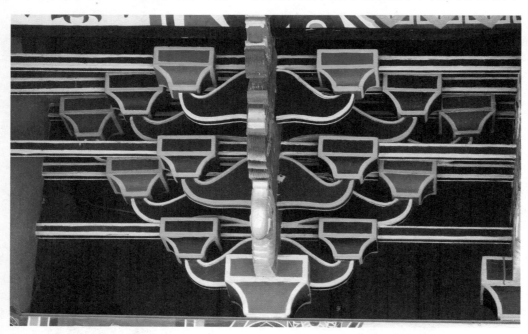

图54 关帝庙关帝殿斗拱

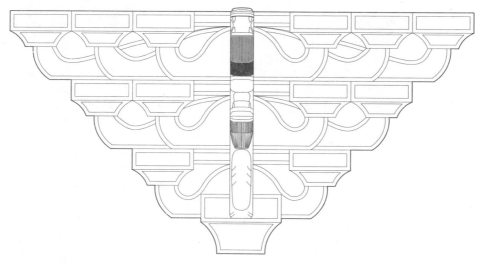

图55 关帝庙关帝殿斗拱正面测绘图

图 56 关帝庙关帝殿斗拱侧面测绘图

的作用，还在视觉上把屋顶和柱子联系到了一起，使屋顶减少些厚重压迫的感觉；其三是封建社会森严的等级制度的标志和重要的建筑物尺度的衡量标准。在具体应用中，斗拱的形式根据具体的位置不同、等级高低、开间多少等有着严格的规定。

斗拱主要是由水平放置的斗、升和矩形的拱以及斜置的昂等构件组成的，它们相互之间通过榫卯的方式结合而成。简单地说，斗拱就是通过斗和拱一层一层叠加而成的，不同位置的斗和拱稍有变异，名称有所不同。根据每组斗拱所处的位置，可分为三种形式：位于角柱上的斗拱称为角科；位于柱头上的斗拱称为柱头科；位于两柱之间额枋上的斗拱称为平身科。

南山关帝庙正殿的柱头科由雕饰的雀替所组成，明间和次间分别有三朵斗拱。中间那朵斗拱只有坐斗与雕饰的雀替，两边的斗拱为单翘单昂五踩斗拱，昂、翘和拱的侧面分别被雕饰成了大象头、公鸡头和龙头的形状，并与其他类型的斗拱保持一致。关帝庙正殿上的斗拱装饰效果十足，颜色绚丽，与屋面青瓦的对比，显得十分突出。

　　我们可以用凳子来更加形象地比喻中国古建筑的结构构架。在裸露地面的柱础部分，柱础与柱础之间是没有任何构件相互联系的。而在柱子的顶部，却有一种构件将它们通过榫卯方式拉结联系在一起，这个构件就叫作枋（图57、图58）。枋与梁类似，是置于柱头或者柱间的横木，所处的高度也和梁相差无几。不过，枋的走向却和梁完全不同。梁是置于前后金柱或者金柱与檐柱之间的横木，它的走向与建筑的横断面一致。而枋是置于檐柱与檐柱之间、金柱与金柱之间的横木，它的走向是与建筑物的立面相一致的。根据枋所处的位置不同，也有很多种形式，如额枋、金枋、脊枋等。

图58 关帝庙关帝殿梁枋雕刻之一

从正前方看，大殿正立面最为华丽精致的部分是立柱与梁枋之间近似三角形的镂雕木构件——雀替（图59～图61）。雀替是中国古建筑中最有特色的构件之一，其作用是缩短梁枋的净跨度，从而增强梁枋的荷载力。后来雀替的装饰作用大大增加，皆精雕细琢，绚丽无比。关帝庙正殿的雀替上除了雕有常见的"龙踏祥云"和"凤舞九天"以外，还有雕有"麒麟吐玉书"的图案。传说孔子降生的当晚，麒麟落于孔宅，并吐玉书，上有"水精之子孙，衰周而素五，徵在贤明"字样，昭告众人这个孩子并非凡人，乃自然造化之子孙，虽未居帝王之位，却有帝王之德，堪称"素王"。后世把"麒麟吐玉书"作为吉祥的象征，有杰出之人降生的寓意，也有旺文之意。

色彩炫丽的雀替额枋，在材质粗狂的青砖筒瓦的对比下显得格外醒目（图62）。

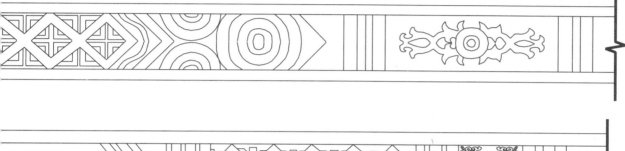

图 57 关帝庙额枋测绘图

图 59 关帝庙关帝殿雀替之一

图 60 关帝庙关帝殿雀替之二

图 61 关帝庙关帝殿雀替之三

图 62 关帝殿山墙与檐口

把内院划分为两部分的坛台

柱子是建筑物中用来承托屋顶，并把其上部荷载传递到地面的直立杆件。就柱子本身来说，我们可以把它分为柱础和柱身两个部分。柱子下部垫的石墩称为柱础（图63）。柱础分为地上可见部分和地下部分。它的主要作用就是把上面的荷载传递下来，并且保护木柱不受地面湿气的侵袭，防止木柱腐烂。柱础在不同时期不同朝代呈现出不同的式样，如鼓蹬、覆

盆、素覆盆、莲瓣、云凤等很多种形式。普兰店关帝庙中使用了不加雕饰的素覆盆柱础，柱础凸出地面露明部分的高度为0.3米，与柱径的尺度正好相同。

柱子的平面布局方式有满堂柱、单槽、双槽、分心斗底槽和金厢斗底槽形式。关帝庙中的平面柱网形式为基本的满堂柱形式。柱子高度为3.4米，柱径为0.3米，柱间距为2.7～2.8米。

在中国古建筑中，台基有两种形式，一种是用于高级建筑中的须弥座，一种是用于一般建筑的普通台基。须弥座与普通台基的主要区别在于，须弥座式台基的立面中部多了束腰。关帝庙的普通台基分别使用了垂带踏跺和如意踏跺两种形式。踏跺指的是台阶中间砌置的一阶一阶的阶石。正殿和配殿下的坛台使用了垂带踏跺的形式（图64）。垂带踏跺主要由垂带石和踏跺组成。垂带石也可以称为"垂带"，指的是台阶踏跺的侧面随着阶梯坡度倾斜而下的部分，多由一块规整的表面光滑的长方形石板砌成，所以叫做垂带石。正殿殿身下的台基使用的是如意踏跺的形式。如意踏跺是踏跺的两侧没有垂带石，从台阶两侧可以直接看到踏跺的退齿形状。而正殿两侧的配殿，没有再使用台基的形式，用以区分出配殿与正殿地位上

图 63 关帝庙关帝殿前石作柱础

的差别。

在关帝庙正殿台基的下方另有一个高大的坛台，使得正殿和配殿与坛台形成一个有机的整体，就好像它们本身的基础一样。这个坛台的主要作用就是将关帝庙的正殿及其配殿高高地托于地面之上，供奉在庙里的关公也给人以高高在上、庄严肃穆之感。坛台高 1.2 米，台面长 30.0 米，宽 12.8 米，把内院空间划分为两部分。坛台上有 0.8 米高的墙墙，形成闭合的空间。

图 64 关帝庙关帝殿前垂带踏跺

拥有盘长纹的隔扇门

关帝庙正殿当心间有四扇隔扇门，左右两次间有四扇隔扇窗。和中国古建筑上很多构件一样，花窗既具有实用性又有装饰效果。窗上棂条组合成的各种吉祥图案称作棂花。棂花丰富多样，比较常见的有海棠纹 、"卍"字纹、"井"字纹、套方纹、冰裂纹等。正殿的窗上棂花以盘长纹为主，"盘长"图案是佛教八种吉祥物之一，以其无穷无尽的盘绕象征着长生，又寓意门前有佛家宝物避邪。棂花打破殿四周实墙造成的沉闷气氛，使整个建筑显得空灵雅致，充满古典韵味（图 65 ～图 71）。

图 65 关帝庙关帝殿隔扇门测绘图

图 66 关帝庙关帝殿隔扇门彩色渲染图

图 67 关帝庙关帝殿门窗彩绘

图 68 关帝庙关帝殿门窗彩绘特写之一　图 69 关帝庙关帝殿门窗彩绘特写之二　图 70 关帝庙关帝殿门窗彩绘特写之三

图 71 关帝庙关帝殿门窗彩绘

青绿色为主的清式旋子彩画

彩画是我国古建筑中极富特色的装饰，它是古代匠人们用色彩、油漆在建筑物的梁、柱、枋、斗拱、天花板等各处，绘制或刷饰动物图案、花纹或者山水画等，这些绘制出来的图案或者纹饰就叫做彩画（图72）。我们今天所见的彩画基本都是清式彩画。清式彩画主要可以分为三大类，分别为和玺彩画、旋子彩画、苏式彩画。每种彩画都主要由箍头、枋心和藻头三部分组成。

关帝庙的柱、梁枋、雀替、斗拱上均绘有以青绿为主的清式彩画，正殿明间额枋上的彩画属于典型的清式旋子彩画（图73～图75）。藻头的形式为"一整二破加二路"的旋子图案。旋子图案是以圆形切线为基本线条组成的有规则的几何图案，其外部为漩涡形的花瓣，中间为花心，所以旋子图案乍一看上去像一朵花，漂亮而又简洁。"一整二破加二路"是指旋子彩画藻头内旋子的构图形式。"一整二破"是一个完整的旋子图案加两个半圆旋子。"路"是指整旋子和半圆旋子中间的空隙有几串花瓣。关帝庙中的彩画在灰瓦灰墙的整体建筑风格下显得格外明媚耀眼（图76～图82）。

图 72 关帝庙关帝殿正殿斗拱彩绘

图 73 关帝庙关帝殿梁上彩绘

图 74 关帝庙关帝殿檐下彩绘之一

图 75 关帝庙关帝殿檐下彩绘之二

图 76 关帝庙关帝殿额枋彩画测绘图之一

图 77 关帝庙关帝殿额枋彩画测绘图之二

图 78 关帝庙关帝殿额枋彩画测绘图之三

图 79 关帝庙关帝殿额枋彩画艺术创作之一

图 80 关帝庙关帝殿额枋彩画艺术创作之二

图 81 关帝庙关帝殿额枋彩画艺术创作之三

61

图 82 关帝庙关帝殿檐下彩绘

　　关帝庙保存完好，近年建筑上的彩绘又被重新绘制，使得整个殿堂焕然一新，只是少了那往日的沧桑感。相对而言，关帝庙精美的石碑和香炉就显得尤为厚重，古韵别具（图 83 ～图 90）。

图 83 关帝庙前广场石碑

图 84 关帝庙关帝殿正碑测绘图之一

图 85 关帝庙关帝殿正碑测绘图之二

图 86　关帝庙祭台细部特写

图 87　关帝庙祭台渲染图

图 88 关帝庙阶梯石狮细部特写

图 89 关帝庙山墙石作细部特写

图 90 关帝庙关帝殿前香炉特写

古建筑保护工作的测绘与研究

南山关帝庙所处的南山公园，在普兰店市中心的府前路，周围有学校、医院、政府大楼等重要的公共建筑，平日里来祭拜的人们络绎不绝。南山公园随着关帝庙的重建修葺，增加了景点，也绿化了山林。人们在工作之余有了很好的休闲娱乐场所，大家可以在这里强身健体、闲话家常。这里亦是举办关公戏曲活动的舞台。

古人云"天下兴亡，匹夫有责"。新中国建立前，每当民族和国家危难之际，人们都会来此祭拜关帝，学习他忠于国家和民族的精神，勇敢地拿起武器保家卫国。今天，人们来到关帝庙，寻找坚持信义和忠诚的道德原则与道德楷模，接受"忠""诚""信""义"的教育与感化。

关帝庙这座古建筑既没有城池关隘的固若金汤，没有皇家别院的金碧辉煌，也没有园林楼榭的巧夺天工，亦没有寺观佛塔的精美恢宏，但就是这样简单的民间的甚至"草根"的随处可见的关帝庙，却成了传统道德的一个典型的象征。关帝庙是普兰店市民感受忠义正气的殿堂，更是这座城市历史文化的传承（见图91、附图1）。

南山关帝庙建于清代，1946年和"文革"期间分别遭受到不同程度的破坏，1992年大连市政府对其进行了修复。重新修缮这座位于闹市区的关帝庙，既是人们对悠悠千载关羽精神的认同，也是对古建筑文化价值的认可。从修缮后的关帝庙来看，彩画、雀替、苫背、瓦面、瓦饰等都尽量恢复古建筑的原貌，使得今天来关帝庙祭拜的人们对古建筑有更加深入的了解，同时也给我们研究清式建筑提供了很好的案例。

关帝庙建筑与其所处的外部环境是一个整体，共同反映了普兰店市历史的政治经济、科学技术、民俗风情、宗教信仰等各方面信息。相比修缮较好的关帝庙，南山公园外的现代化建筑林立和这座古庙形成强烈对比，影响了关帝庙魅力的释放，也阻碍了更多的人去了解和认识它，更不利于古建筑的保护。希望我们在做城市整体规划的时候，把关帝庙和周边的建筑进行统一规划，严格控制周边建筑的高度和形式，打造和谐统一的整体。

古建筑保护的工作任重而道远，我们的古建筑测绘与研究也只是力所能及地去做，以期望为后人留下更为详尽的资料。衷心希望这本书能起到抛砖引玉的作用，吸引更多的力量投入到古建筑的保护工作中来，把古建筑保护好、维修好，将它们以其原有的面貌长久地保存下去，发挥"实物的史书""历史的年鉴""文化的载体"等作用，让古建筑流芳千古，古为今用，为后人服务。

图 91 关帝庙关帝殿一角

参考文献

[1]　大连百科全书编纂委员会．大连百科全书［M］．北京：中国大百科全书出版社，1999.

[2]　李允鉌．华夏意匠［M］．天津：天津大学出版社，2005.

[3]　赵广超．不只中国木建筑［M］．北京：生活·读书·新知三联书店，2006.

[4]　大连通史编纂委员会．大连通史——古代卷［M］．北京：人民出版社，2007.

[5]　陆元鼎．中国民居研究五十年［J］．建筑学报，2007（11）.

[6]　中国民族建筑研究会．中国民族建筑研究［M］．北京：中国建筑工业出版社，2008.

[7]　孙激扬，呆树．普兰店史话［M］．大连：大连海事大学出版社，2008.

[8]　李振远．大连文化解读［M］．大连：大连出版社，2009.

[9]　大连市文化广播影视局．大连文物要览［M］．大连：大连出版社，2009.

历史照片

取自《大连老建筑——凝固的记忆》

CAD 测绘

大连理工大学建筑系 06 级队

大连理工大学建筑系 07 级队

大连理工大学建筑系 09 级队

大连理工大学建筑系 10 级队

大连理工大学建筑系 11 级队

大连理工大学建筑系 12 级队

大连理工大学建筑系 13 级队

影像资料采集

大连风云建筑设计有限公司
大连兰亭聚文化传媒有限公司

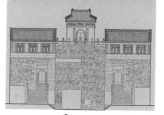

后 记

　　在大家的共同的努力下，在众多有识之士的帮助与支持下，这套介绍大连古建筑的丛书终于出版了，需要感谢的人太多了！

　　我们要感谢齐康院士对本丛书提出的宝贵意见，并为本丛书欣然命笔写了序。我们要感谢普兰店市文体局张福君局长，连续几年的调研、测绘工作是在张局长帮助与支持下完成的。我们要感谢大连理工大学建筑与艺术学院建筑系06～13级的同学们，每当夏天就是我们共同在测绘现场的日子。我们要感谢兰亭聚文化传媒有限公司的陈煜董事长及其团队，他们无冬历夏反复的、精益求精的拍摄让我们感受到了专业团队的敬业精神。正是有这么多人，他们怀着对古建筑和传统文化探索的热情，有的默默工作，有的奔走呼号。他们的言行鞭策着我们，他们的言行更是我们的动力。

　　在大连这座曾经的殖民地城市做中国古建筑调研工作的选题其实是要点勇气的。其次，对这样一批分布较散的建筑进行调研、测绘等工作，其工作量之大我们也是预先估计不足的，有一些工作现场先后去了不下五六次。再者，参与策划、调研、咨询、测绘和摄影摄像等工作的人员众多，工作周期很长，需要克服的如时间、经费及工作环境与条件等因素也较多。个中的艰辛和劳心劳力就不必细说了，任务完成之余大家感慨万千，商量许久，共同留下了一些感想：

　　通过参与这几年对大连的这批古建筑的调研工作，具体的感触是让我们觉得古建筑的保护仍然是个十分严峻的课题。这10余处古建筑大多为省保单位，只有一两处为市保单位，甚至还有一处为国保单位。它们无论从保护的制度到措施一应俱全，因此还算基本保存完好，但也存在一些问题。然而调研的有些古建筑也是保护单位，并且本身也具备一些历史价值，但从保护的角度看却显得不如人意，故无法将其收录。有些古建筑已经无法无破坏性修缮，有的古建筑的原状已经被歪曲篡改，其艺术价值和工艺价值都大大降低。有些古建筑单位在修缮中任意扩大规模，甚至过度开发旅游，加建太多破坏了环境。有些在修缮中夸大古建筑原有的等级，建筑装饰与彩绘失去规制，建筑风格南辕北辙。我们调研的大多数修缮过的古建筑，基本上不采用传统工艺。只有真正达到保存原来的传统工艺技术，还需要保存其形制、结构与材料，才能达到保存古建筑的原状。修缮文物古建筑的基本原则是要用原有的技术、原有的工艺、原有的材料，这也是搞好文物古建筑修缮的根本保证。《中国文物古迹保护准则》第二十二条也规定："按照保护要求使用保护技术。独特的传统工艺技术必须保留。所有的新材料和新工艺都必须经过前期试验和研究，证明是有效的，对文物古迹是无害的，才可以使用。"在传统工艺方面我们做得太不够了。

我们还体会到，决不能抛弃民族传统，割断历史，因为中国古建筑与传统城市的艺术、功能和形式是经过了几千年的历史发展逐步形成的。对我国独特的传统文化的追求和继承，不应仅仅停留在形式剪辑的层面上，而应追求内涵和精神方面更深层面的表现，将现代要求、现代方法与传统的文化形态很好地结合起来，做到灵活运用，并抓住中国传统城市与古建筑文化的本质内涵。

并且我们理应肩负起中国传统建筑文化的现代化使命，去面对当今建筑文化全球化趋势的挑战。这就要求我们认识中国传统建筑文化的本质内涵，从哲学的深度来研究传统文化的起源、变化和发展，要求我们对传统文化的精髓有比较深刻的理解，认真从传统城市与古建筑的演变过程中，探索出继承、创新及发展的新思路。

胡文荟

2015 年 4 月